国家公园研究院 × 十万个为什么 联袂出品

National Parks of China

中国国家公园

海南热带雨林国家公园

欧阳志云 主编 臧振华 徐卫华 沈梅华 著

少年儿童出版社

主编

欧阳志云

副主编

徐卫华

编委

臧振华、沈梅华、安丽丹、范馨悦、徐建雄、黄琪琦、王楠、莫燕妮、
赵磊、洪小江、曹虹、沈安琪、陈天

支撑单位

国家林业和草原局中国科学院国家公园研究院

资助项目

国家重点研发计划项目（2022YFF1301404）、国家林业和草原局中国科学院国家公园研究院研究专项

特别鸣谢

海南省林业局（海南热带雨林国家公园管理局）
环球自然日活动组委会

序言

为了保护地球上丰富的野生动植物和独特的自然景观，1872 年美国建立了世界上第一个国家公园——黄石国家公园。随着国家公园理念不断地拓展和深化，目前全球有 200 多个国家和地区建立了 6700 多处国家公园。国家公园在生态系统、珍稀濒危动植物物种、地质遗迹和自然景观等自然资源的保护中发挥了重要作用。

我国自然生态系统复杂多样，分布着地球上几乎所有类型的陆地和海洋生态系统，是全球生物多样性最为丰富的国家之一：动植物物种数量多，约有 37 000 种高等植物、6900 种脊椎动物，分别占全球总数的 10% 与 13%；其中只在我国分布的特有植物超过 17 300 种，特有脊椎动物超过 700 种。我国的动植物区系起源古老，保留了桫椤、银杏、水杉、扬子鳄、大熊猫等白垩纪、第三纪的古老孑遗物种；自然条件与地质过程复杂，孕育了张家界砂岩峰林、珠穆朗玛峰、九寨沟水景、青海湖、海南热带雨林、蓬莱海市蜃楼等独特的地文、水文、生物与天象自然景观。2013 年，我国提出“建立国家公园体制”，目的是保护丰富的生物多样性与自然景观，为子孙后代留下珍贵的自然资产，实现人与自然和谐共生。

2021 年，习近平总书记在《生物多样性公约》第 15 次缔约方大会领导人峰会上宣布中国正式设立首批国家公园，包括三江源国家公园、东北虎豹国家公园、大熊猫国家公园、海南热带雨林国家公园与武夷山国家公园。它们是我国丰富生物多样性的典型代表，保护了大家熟知，尤其是小朋友喜爱的憨态可掬的大熊猫、威武凶猛的东北虎、“高原精灵”藏羚羊、美丽的绿绒蒿和濒危的海南长臂猿等。这些珍稀的动植物，能将我们带入川西北的高山峡谷、北国的林海雪原、青藏高原的高寒草地与冰川、海南岛的热带雨林等神奇自然秘境。这里不仅是千千万万植物、动物与微生物生存繁衍的乐园，也是人类接近自然、认识自然和欣赏自然的最佳场所。

国家公园研究院与少年儿童出版社策划的“中国国家公园”科普书，是在各分册作者与编委精心组织和辛勤工作的基础上完成的，得到了国家林业和草原局的大力支持，还有三江源、东北虎豹、大熊猫、海南热带雨林与武夷山等国家公园管理机构的无私帮助，在此表示衷心的感谢。尤其要感谢主创团队（图文作者和编辑），他们将关怀青少年成长的爱心和热爱大自然的情怀相融合，将生物多样性的专业知识转化为通俗易懂的语言和妙趣横生的故事。

我相信这套“中国国家公园”科普书能够成为众多青少年走进国家公园的一张导览图，成为启发他们感受美丽中国、思考生态保护的入门书。

国家公园研究院院长
美国国家科学院外籍院士
欧阳志云

目录

欢迎来到
海南热带雨林国家公园

海南热带雨林国家公园面积约 4269 平方千米。

热带雨林总面积约 3154 平方千米。

当我们说到海南时，往往联想起一片椰林沙滩的海岛风光。但你知道吗，在海南岛的中部，还有一块硕大的阶梯状“穹窿山地”。那里是海南岛形成年代最为古老的陆地，是整个海南的水系中心。山地的垂直差异、不同朝向造成的干湿冷热差异，配合高温多雨的气候，使得那里成为了海南岛生物资源最为丰富的地区。

这就是海南热带雨林国家公园。这里拥有中国最完整、类型最多样的“大陆性岛屿型”山地热带雨林景观体系，也是全球36个生物多样性热点区之一。

霸王岭

沿着山坡从下往上攀爬，一路会发现植被类型不断地发生改变。这里不仅能看到很多热带季雨林的标志树种，运气好的话还能一睹海南长臂猿、海南孔雀雉的芳容。

尖峰岭

尖峰岭的生境、植被和物种都非常丰富，素有“热带北缘物种基因库”“生物物种银行”之称。尖峰岭天池是海南热带雨林国家公园海拔最高、面积最大的高山湖。

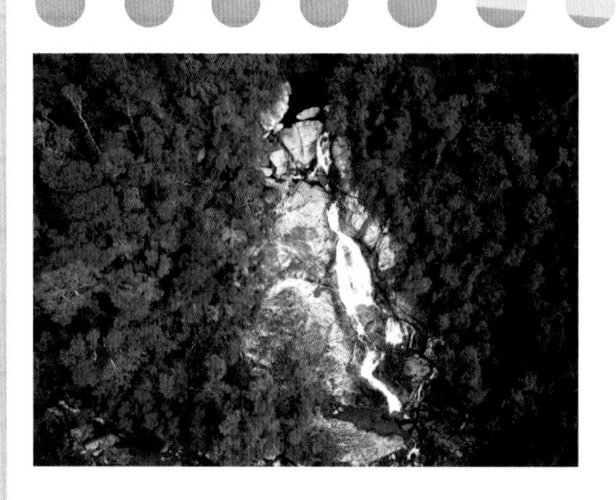

吊罗山

吊罗山区域的牛岭是区分海南岛南北地理分界和民族文化的重要界限。这里分布着众多的雨林瀑布。海南热带雨林国家公园的最低点在吊罗山都总河口，海拔仅 45 米。

鹦哥岭

鹦哥岭是海南岛第二高峰，也是海南岛重要的水源保护地。这里的昆虫、鸟类、两爬物种都很丰富，春天，这里就成为了拍摄鸟类的圣地，可以拍到不少海南特有的鸟类。

黎母山

北宋诗人苏轼曾赋诗“奇峰望黎母，何异嵩与邙”，来称赞黎母山之美。在这里，万泉河上游长期的流水磨蚀作用形成了罕见的地质奇观——和平石臼群。

五指山

海拔 1867 米的五指山是海南热带雨林国家公园的最高点，也是海南岛最高峰。从五指山东麓发源的万泉河被称为海南岛的母亲河。

热带雨林那些事儿

什么是热带雨林

热带雨林又叫热带常绿阔叶林。在地球赤道带区域，全年气候炎热多雨，日照强烈，没有明显的四季区分，这里分布的森林就被称为热带雨林。由于没有水分和温度的限制，光照就成了热带雨林植物最大的竞争对象。各种植物竞相向上生长争夺有限的光照资源，形成了一些独特的景观，比如热带雨林里的一些树能轻易长到 30 米以上，不同高度的树冠形成明显的分层，具有大量藤本植物、附生植物等。由于大量的光照都被上层树冠截取，热带雨林的地表层缺乏光照，几乎没有什么植物能够在此生长。

海南热带雨林国家公园分布着中国最集中、保存最完好、连片面积最大的过渡性、岛屿型热带雨林，沿海拔从低到高又能分为热带低地雨林、热带山地雨林和高山云雾林几种不同类型。代表树种有坡垒、青梅、荔枝、母生等。

海南热带雨林国家公园其实并不只有热带雨林，在这里还分布着热带季雨林和热带针叶林，它们有什么不一样呢？

热带季雨林又是什么

热带季雨林又叫热带落叶林，它们分布在赤道带两侧的热带区域，虽然全年温度也比较高，但降水量有明显的季节变化，集中在一些季节持续下雨，而在另一些季节却可能长时间不下雨。所以热带季雨林的树木往往会在旱季前落叶，以节省水分的流失，这种现象给林下植物的生长留出了空间，所以热带季雨林林下植被会比较茂密。由于生长期有限，热带季雨林里的树木高度一般不如热带雨林。

海南热带雨林国家公园的热带季雨林主要分布在尖峰岭、霸王岭和吊罗山海拔800米以下山坡的中下部，代表树种有海南榄仁、厚皮树、枫香等。

热带也有针叶树吗

是的，针叶树属于植物当中的“耐力选手”，能够在很多阔叶植物不能忍受的严酷条件下生长。在相对较为寒冷、干旱的地方，它们会更占优势。而热带地区的山顶、山脊、陡坡地带，也是它们大显身手的好地方。

海南热带雨林国家公园的针叶林主要生长在乐东县佳西村、鹦哥岭、五指山、霸王岭等区域海拔1200米以上的高山山顶、山脊和陡坡地段，代表树种有海南五针松、雅加松、南亚松等，不少针叶树往往和阔叶树混合生长。

热带雨林的分层

露生层："鹤立鸡群"的树

露生层树种是在热带雨林当中最为"鹤立鸡群"的一些树，它们的主干光滑笔直，一直长到30米以上，高高地凌驾于其他树之上。争取到更多阳光的同时，它们也不得不直面高空的强风。所以，这些树的树叶通常比较小。

林冠层：热带雨林生物重要的栖息地

露生层之下，是众多树木的树冠连绵而成的林冠层，20~30米的大树林冠构成了第一层林冠，而10~20米的中小乔木紧随其后构成了第二层林冠。第一层林冠光照还比较充足，越往下光照越弱。由于参与竞争的树种非常多，第二层林冠非常密集拥挤。这两层林冠实际上构成了热带雨林多数生物的栖息地，很多动物都在这些相互连贯的"空中走廊"里迁徙和生活。

林下层：各显其能，争夺阳光

经过上面林冠层的"过滤"，能到达下层的光线只剩约3%，只有一些灌木和树苗在此处艰难生长。这里的小树必须耐心等待属于自己的机会：一旦有一棵大树死亡或倒下，林冠层裂开一点缝隙，小树就会快速生长。而其他植物则采取了另一种方案：通过巨大的叶片获取所有可利用的光线，以在微弱光线下生存。

地被层：阴暗潮湿的底层

热带雨林地被层是位于雨林底层的植物群落。它由低矮的蕨类和草本植物构成，通常高度不超过2米。地被层密布于雨林地面，形成浓密的绿色层。这些植物起到保护土壤、保持湿度和提供栖息地的重要作用。地被层中常见的植物包括蕨类、苔藓和草本植物。由于处于阴暗潮湿的环境，地被层的植物通常具有适应低光强度的特性。

热带雨林奇观

因为独特的环境和气候，热带雨林里的植物形成了很多令人诧异的奇观。一起去看一看吧。

绞杀现象

如果你是一棵热带雨林里的植物，最不想遇到的恐怕就是绞杀植物了。它们由动物把种子传播到其他植物的枝干上之后，这些植物一开始还不会造成危害，但当它们的气生根不断生长一直长到地上、吸取到地面的水分和养分之后，就开始“妖魔化”——增速生长，把被附着的树干牢牢包裹起来，就像一条大蟒蛇一样。最后，里面的整棵树就会被其绞杀致死，而绞杀植物本身取而代之。

巨叶现象

热带雨林下层的光照十分有限，生活在那里的植物为了吸收更多的光线，往往会长出非常巨大的叶子。

独木成林

在热带雨林中，有的榕树枝干上会长出很多气生根。这些根向下生长，最后扎进土里变成新的树干——就这样，一棵单独的榕树形成了一片树林一样的景观。

老茎生花

热带雨林中的一些小乔木和藤本植物，其树冠层经常受到上层树木的遮盖。在需要开花授粉的时候，它们把花开在老枝和树干上。这些地方一般比较空旷，更容易被动物发现。

奇根异木

在热带雨林当中，许多树木为了获取阳光长得异常高大。但热带雨林的土壤其实比较贫瘠，于是很多树木为了支撑自己，发展出状如墙壁的板根、“独木成林”的气生根、密密匝匝的支柱根来支持自己。所以到热带雨林里，这些千奇百怪的根就成了一个重要的看点。研究发现，不少板状根除了能增加树木的稳定性之外，还能参与二氧化碳和氧气的交换。

寄生植物

对于生活在雨林地面的植物来说，最佳策略是放弃自养——既然没有光照，那就干脆从别的地方获取养分好了。一些兰科植物便深谙此道，它们可以依靠菌根真菌来获取生长所需的养分。

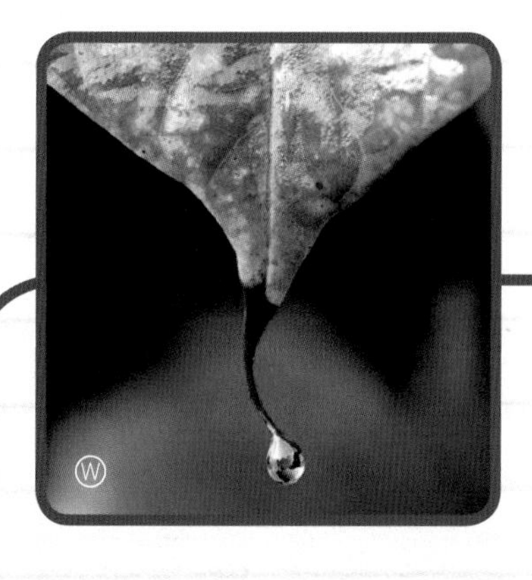

滴水叶尖

林冠层的树叶常常在叶尖延长，形成滴水叶尖——在高温多雨的环境下，可以把雨水及时导流出去。

神奇动物在这里

海南热带雨林国家公园是一个充满生命活力的天然宝库，其茂密的植被和多样化的生态系统为各种独特而珍稀的动物提供了理想的栖息地。在这片热带雨林中，丰富的生态环境孕育着独特的物种，包括色彩斑斓的鸟类、灵巧的猴群，以及神秘的爬行动物。这里不仅是生物多样性的殿堂，更是生命之美和生态平衡的典范。

据不完全统计，在这里栖息着**651**种陆生脊椎动物，包括濒危保护动物**220**种。其中，国家一级保护动物**14**种，国家二级保护动物**131**种，国家公园在海南岛濒危动物保护中发挥至关重要的作用。

独一无二的海南长臂猿

海南长臂猿

体长：40~50 厘米
体重：7~8 千克
常见程度：★
保护等级：国家一级
主要生境：海拔 650~1200 米的热带山地雨林
食物：特别喜欢吃野荔枝，还吃榕树、毛荔枝、鱼尾葵、肖蒲桃、白颜、山橙等的果实，黄桐、海南破布等的嫩叶，海南石斛的花等，也会吃小鸟、鸟蛋、蜘蛛、昆虫等补充蛋白质

世界上一共有 20 种长臂猿，分为 4 个不同的属。

海南长臂猿是唯一一种中国特有的长臂猿，截至 2023 年底仅存 6 群 37 只，被世界自然保护联盟和国际灵长类协会认定为当今全球最濒危的 25 种灵长类动物之一。

海南长臂猿仅分布在海南热带雨林国家公园霸王岭片区海拔 650~1200 米的热带山地雨林中，是已知长臂猿中分布海拔最高的种类。它们通常只在离地 15 米左右的树冠层活动，所以是热带雨林完整程度的指示物种。

世界长臂猿分类

长臂猿属

叫声婉转动听，根据其声音可以辨识种类。海南长臂猿就在此类

白眉长臂猿属

眼睛上方有两道白色的眉毛

合趾猿属

体形最大的长臂猿，叫声洪亮

冠长臂猿属

头顶有高耸的毛发，多数种类两颊有白色的毛

听，长臂猿的叫声

长臂猿以丰富的鸣叫声而闻名。它们是一夫一妻制的动物，带着自己的后代以家庭形式占据一块地盘，用鸣叫来提示其他的长臂猿“非请勿入”。它们也会用不同的鸣唱声来召唤对方或者向同类示警。

会变色的长臂猿

和多数长臂猿“一夫一妻”的家庭结构不同，海南长臂猿遵循“一夫二妻”的社会结构：一个家庭由一只雄性长臂猿和两只雌性长臂猿及其后代构成。

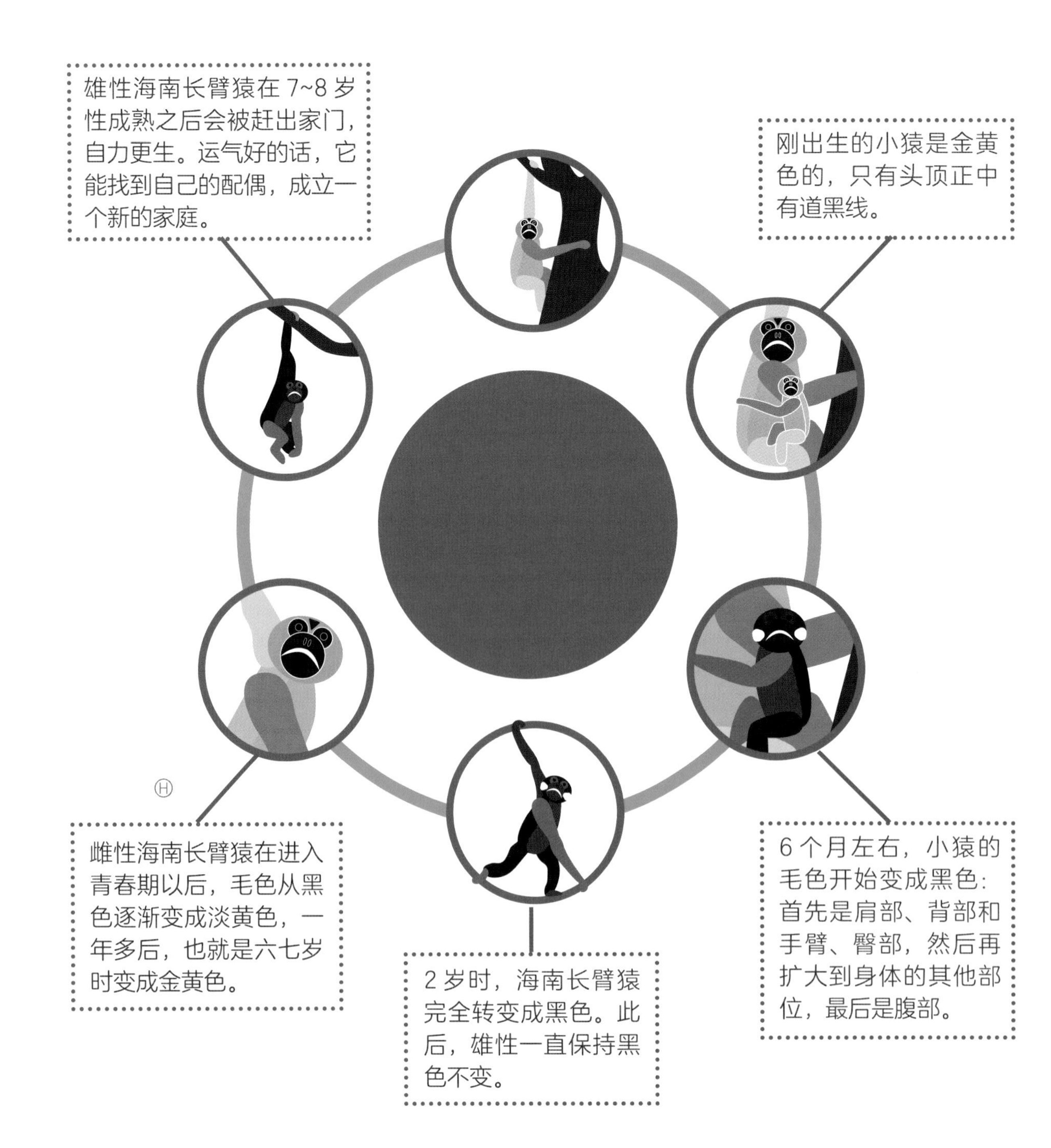

保护海南长臂猿

对于所有的长臂猿来说，连绵的树冠层都是它们赖以为生的环境。这种猿类很少下地，完全依赖树冠层通达各个取食地点。一旦森林遭到破坏，树冠层不再连续，就等于斩断了它们觅食、迁徙和寻找配偶的通道。

海南热带雨林国家公园的建立使得当地的森林受到保护，从而为海南长臂猿的保护奠定了基础。但之前遭到砍伐而受损的森林要恢复仍然需要时间，在林冠已经破碎的现在，我们可以用什么方法来帮助海南长臂猿呢?

有一个方法是在断裂的森林之间架设人工绳桥，这能够帮助海南长臂猿从一小片破碎的森林穿越到另一片森林地带。科学家的实验性尝试已经获得了成功，一些海南长臂猿已经开始利用人工通道穿越森林。根据记录显示，它们在绳桥上的运动速度达到了 50 千米 / 时。

当然，建造人工绳桥只是权宜之计。要保护海南长臂猿，最重要的还是尽快恢复连绵的森林。以本土树种进行人工造林，可以加速森林的恢复。

不爱山坡的海南坡鹿

雄鹿角特别宽，打斗时会戳伤对方的眼睛——这样的角也更适合在开阔地带活动，在森林里则不太方便
雄鹿眉杈以直角上扬，别名“眉杈鹿”
背部有一条黑褐色脊带纹，两侧缀有白色花形斑点（冬毛时不明显）

海南坡鹿

（坡鹿的亚种）

体长：约 160 厘米
体重：70~130 千克
常见程度：★ ★
保护等级：国家一级
主要生境：海拔 200 米以下的低丘、平原
食物：涉及超过 200 种植物，包括各种青草和嫩树枝叶等

海南坡鹿体形和梅花鹿相仿，但从演化上说和麋鹿的关系更近。听它们的名字，我们可能会误认为它们喜欢在山坡上活动，但实际上平原地区、河谷附近的稀树草原才是它们最爱待的地方。那它们为什么叫海南坡鹿呢？因为在海南方言当中，“坡”就是“平地”的意思。海南坡鹿的动作十分敏捷，能轻松跃过好几米的河沟，所以民间常有“坡鹿会飞”的传说。

由于长期遭到捕杀，海南坡鹿的数量一度跌到只剩 26 头。现在，其数量已经回升到约 1000 头。

大部分鹿在秋季发情打斗，因此鹿角多在春季萌生，初秋完成生长，秋季投入战斗，冬季或早春脱落。坡鹿却独辟蹊径，在春季发情，夏季掉角，秋季长角，冬季脱茸——与其他鹿正好相反。

依水而居的水鹿

水鹿比海南坡鹿要大上整整一号，被当地人称为“山马”。它们是热带亚热带地区体形最大的鹿类。

顾名思义，水鹿喜欢生活在水泽附近。相比海南坡鹿，它们更喜欢森林和灌丛环境。

水鹿过着群居的生活，通常在清晨、傍晚和夜晚活动，白天休息。它们喜欢在水边觅食，也喜欢泡在水中。

角小而长，分叉少

眼睛下面有发达的腺体，发怒或惊恐时可以膨胀到和眼睛一样大

喉部有一块“倒毛”，内部长有气味腺，繁殖季这个腺体会肿胀，水鹿用它在树干上摩擦，留下自己的气味标记

水鹿

体长：140~260 厘米
体重：100~200 千克
常见程度：★ ★ ★
保护等级：国家二级
主要生境：中高海拔热带雨林
食物：更喜欢吃树叶、蕨类和果实，也吃禾草类植物

鹿的家族

鹿家族起源于中新世的欧亚大陆，目前全世界现存56种鹿。除了獐之外，其余55种鹿都长着大小、形状不一的鹿角。其实鹿的祖先并没有犄角，靠獠牙进行打斗，后来才逐渐演化出了鹿角。鹿角的攻击范围比獠牙广，逐渐取代了獠牙的地位。和源自头皮的牛角不同，鹿角源自头骨，初生时带有皮毛，随后才逐渐褪去。鹿角每年更换，可以始终保持战斗力。

大鹿、中鹿和小鹿

在较完整的东亚森林中，我们通常都能找到一种大型鹿、一种中型鹿和一种小型鹿。在海南热带雨林国家公园，大鹿、中鹿和小鹿分别是水鹿、坡鹿和海南赤麂。为什么这些鹿能够共存呢？因为它们的体形不同，能够够到的植物高度不同，吃的植物种类区别也比较大。所以，它们可以同时利用同一种生境当中的不同食物。要是大家都喜欢吃一样的东西，那么难免会争抢起来，可是大家爱吃的东西不一样，那就可以一起共存了。

怎样看鹿角

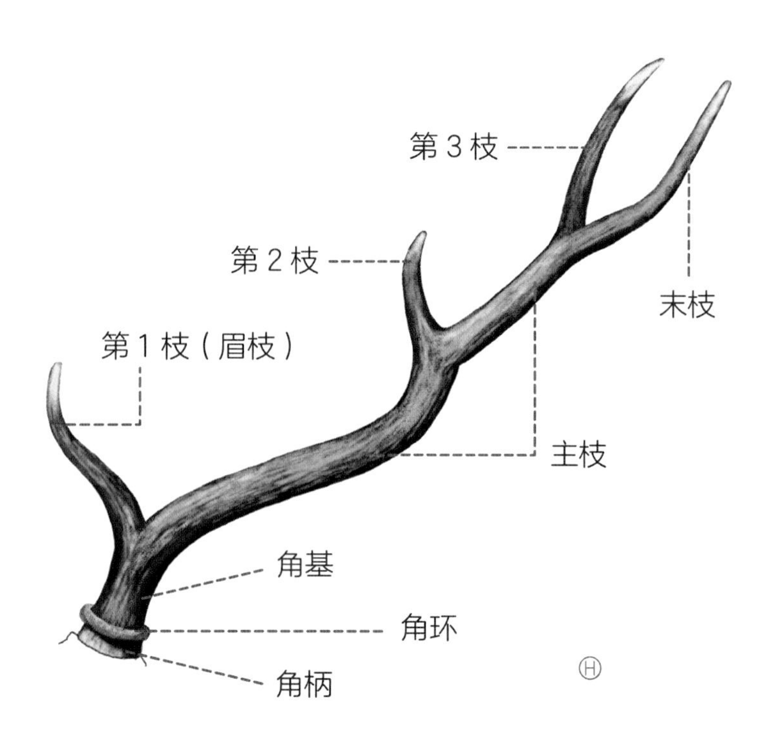

如何区分水鹿、梅花鹿、坡鹿和麋鹿

一般说来主要有三点：看分布、看体形、看鹿角。

水鹿

体长 140 ～ 260 厘米，肩高 120 ～ 140 厘米，东亚、东南亚都有分布，角分三个杈。

梅花鹿

体长 125 ～ 145 厘米，肩高 70 ～ 95 厘米，分布在东亚地区，角有 4 个杈。

坡鹿

体长 160 厘米左右，肩高 104 ～ 110 厘米，主要分布在东南亚地区，角眉杈很长，和主枝成直角。

麋鹿

体长 150 ～ 200 厘米，肩高约 114 厘米，原生于中国长江中下游的沼泽地带，曾经广布于东亚地区，角无眉杈。

食肉小可爱

椰子狸

椰子狸又叫“椰子猫”，它们的攀爬能力很强，既能在树上穿行又会在地上活动。有名的“猫屎咖啡”就是用它们吃过以后拉出来的咖啡豆做成的。实际上野生椰子狸吃很多种果实，还吃老鼠之类的小动物，咖啡豆并不是它们的最爱。在自然界中，椰子狸是很多植物重要的种子传播者。

椰子狸

体长：48~55 厘米
体重：2~3 千克
常见程度：★ ★
保护等级：国家二级
主要生境：热带雨林、季雨林、亚热带常绿阔叶林

海南新毛猬

虽然和刺猬一样同属猬科的成员，但海南新毛猬长得一点也不像刺猬——它们压根就没长刺。从外形上看，它们更像是一只毛茸茸的小老鼠，长着尖尖的鼻子，和一根没有毛的细尾巴。体形小又没有刺，它们靠什么来保护自己呢？首先它们会挖洞躲藏；其次，它们长有发达的气味腺，能散发出比刺猬更加强烈的体味，这种难闻的气味可能在躲避捕食者方面起到一定的作用。它们和我们常见的刺猬的共同点就是都喜欢吃虫子，不过有时候也会吃少量草和种子。海南新毛猬是猬科新毛猬属的唯一成员，也是中国海南的特有动物。

海南新毛猬

体长：13~15 厘米
体重：52~70 克
常见程度：★
保护等级：稀有
主要生境：热带雨林、亚热带森林的杂木林下和乱石堆中

小巧的海南兔

海南兔是中国特有种。在所有中国野兔中，海南兔的体形最小，毛色也最艳丽。它们喜欢生活在草原地带，除了草之外也会顺便吃一些昆虫和螺类。和中国其他野生兔类一样，海南兔不挖洞，遇到危险的时候它们一般躲入灌木丛中，或者对自己下“定身咒”——用呆住不动的方法避免被捕食者发现。

海南兔

体长：约 40 厘米
体重：约 1.5 千克
常见程度：★ ★ ★
保护等级：国家二级
主要生境：丘陵灌丛草坡、滨海草原

树上的黑色精灵巨松鼠

巨松鼠俗称“树狗”，一般在中海拔地区的树冠层活动。它们是技术高超的攀爬者，能一跃 10 米远。它们主要以果实为食，也吃一些嫩叶、花蕊、昆虫和鸟蛋。它们通常独自生活，偶尔集小群，一般白天比较活跃。

不容小觑的蝙蝠

在热带雨林生态系统当中，蝙蝠是非常关键的物种。热带蝙蝠的种类和数量都非常惊人，它们主要分成两类：大蝙蝠和小蝙蝠。大型蝙蝠又称为果蝠或者狐蝠，它们主要靠视力搜寻花和果实，在雨林植物授粉和种子传播方面起到了重要的作用。而小型蝙蝠主要以昆虫为主要食物，很多具有回声定位功能。

迄今为止，中国记录的蝙蝠有 7 科 29 属 125 种，占世界翼手目的 11.3%，而海南岛翼手目的种类为 32 种，占中国翼手目物种数的 25.6%。

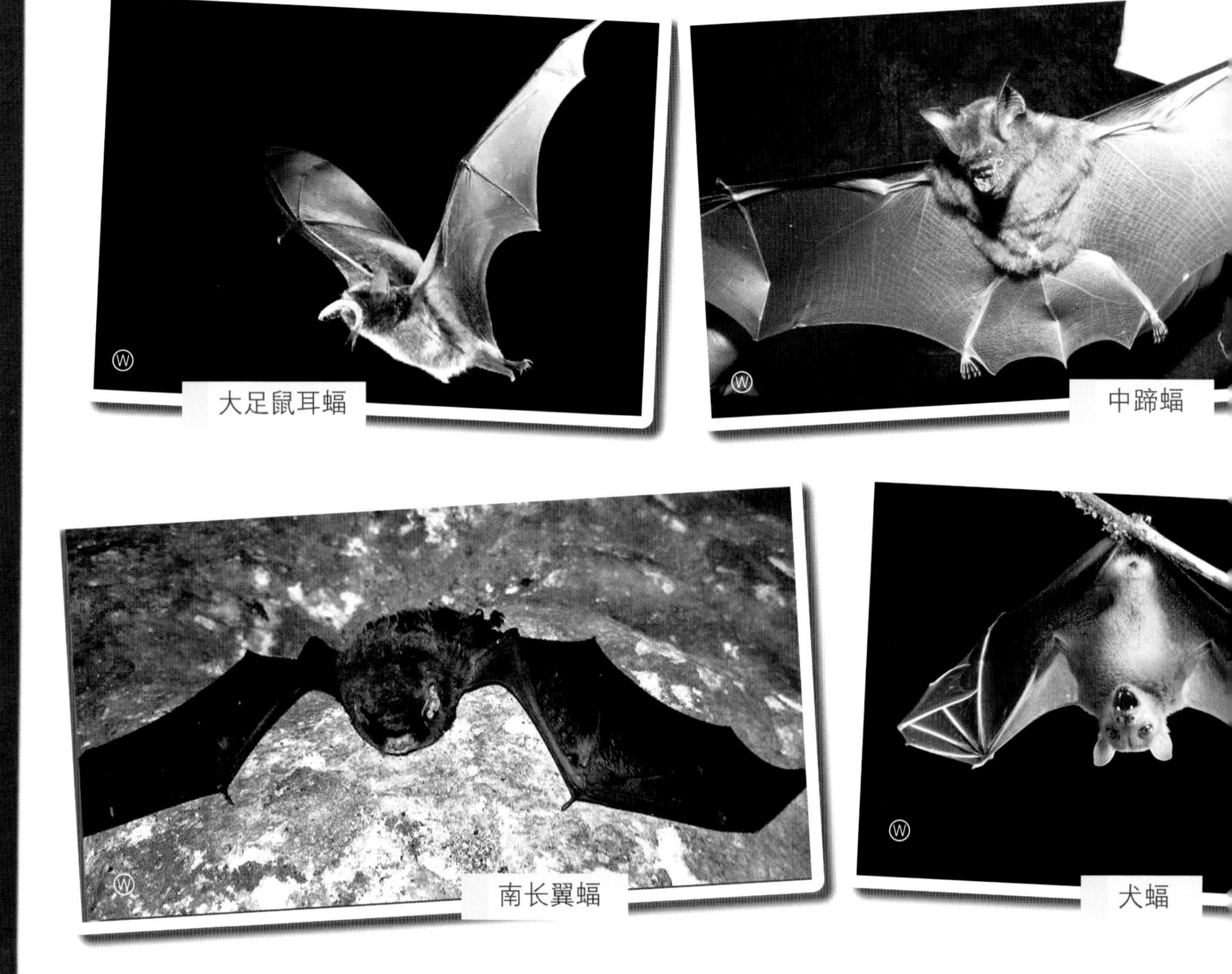

大足鼠耳蝠

中蹄蝠

南长翼蝠

犬蝠

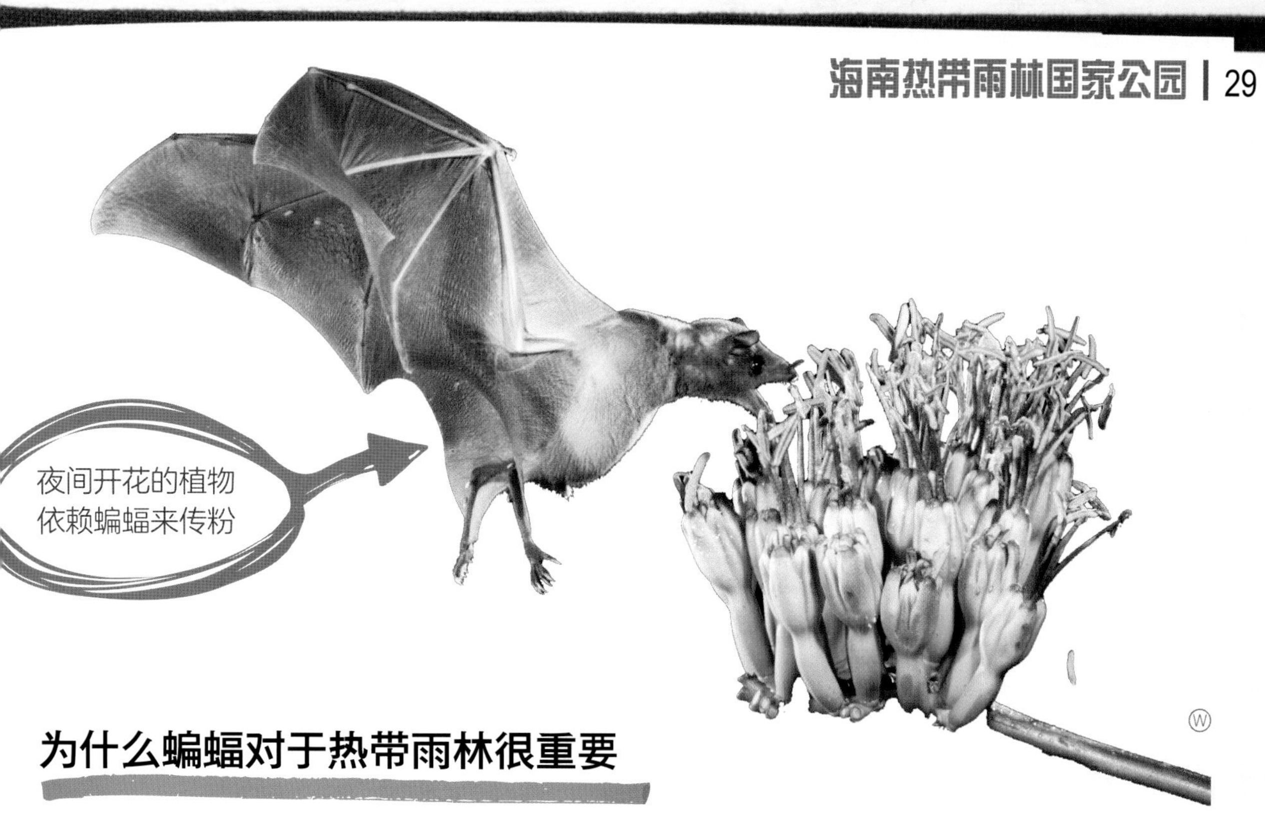

为什么蝙蝠对于热带雨林很重要

在热带雨林当中，植物之间的竞争非常激烈。植物的种子如果从母树上直接落到地面，往往因为缺乏阳光、养分不足或者其他植物释放出的毒素而无法顺利发育成长。而果蝠和鸟类对果实的取食，就在无意间将植物的种子散播到更有利于发芽生长的地方，从而起到传播种子的作用。有些种子甚至只有在通过果蝠或鸟类的消化道之后才能发芽。由于蝙蝠的数量众多且多在夜间活动，一些夜间开花的植物演化出了便于由蝙蝠来传粉的特征。所以，蝙蝠对于热带雨林的植物繁衍来说非常重要。

另一方面，蝙蝠本身也是食物链中的重要一环。很多食虫蝙蝠一天要吃掉相当于自身体重 1/3 的昆虫，而数量众多的它们为猛禽、蛇类等捕食者提供了丰富的食物。

蝙蝠为什么要倒挂着休息

长期的演化使蝙蝠适应了飞行的生活，演化出发达带有皮膜的前肢和轻盈的身体。相比之下，它们的后肢非常短小，甚至无法像鸟类那样支撑自己的身体在地面行走，或靠奔跑获得起飞的升力。于是，它们干脆采取倒挂的方法，必要时直接从高处起飞，这样休息的时候也相对来说比较安全。

蝙蝠怎么上厕所

那么，倒挂着的蝙蝠如果要上厕所的话怎么办呢？总不见得淋自己一身吧？蝙蝠们自有妙招——当它们需要上厕所的时候，来个 180° 翻转，换用翅膀前端的钩爪固定住身体，变成头上脚下的姿势之后再“方便”，这样就不会淋到自己了。“方便”完之后，它们会再翻回来，回到倒挂的休息姿态。

色彩斑斓的海南孔雀雉

海南孔雀雉可以说是中国最稀有的“鸡”了，它们仅分布在海南岛海拔150~1500米的常绿阔叶林及竹丛中，以昆虫和蠕虫为主食。它们喜欢原始森林环境，因而我们只能在霸王岭、尖峰岭、鹦哥岭、吊罗山和黎母山等保护较好的原始林区找到它们。

雄性海南孔雀雉身上绚丽的眼斑，使得它们看起来有那么一点儿像孔雀，而它的功能也和“孔雀开屏”一样，是为了吸引雌鸟的芳心。相比之下，雌鸟的颜色要低调得多。毕竟，在山林之中，毫不起眼的色调才是保命的王道。和大多数鸡形目鸟类一样，孔雀雉遇到危险的时候多以奔走和躲藏来躲避敌害，实在万不得已的时候才会振翅飞走。

害羞的鸟

海南孔雀雉是一种比较害羞的鸟类，通常在植被密集的地方活动，以藤蔓、树叶、昆虫等为食物。它们通常是单独或聚小群活动，不太会飞行，更多地在地面上行走和跳跃。

海南孔雀雉

体长：33~67 厘米
体重：约 10 千克
常见程度：★
保护等级：国家一级
主要生境：常绿阔叶林、竹丛

保护海南孔雀雉

海南孔雀雉是国家一级保护动物，它们因为受到栖息地破坏和人类活动的威胁，数量逐渐减少。为了保护这一珍稀物种，科研人员采取了一系列保护措施，包括加强栖息地保护、控制非法猎捕和建立自然保护地等。

海南孔雀雉

灰孔雀雉

形形色色的鸟

截至 2022 年 4 月，海南一共记录到 453 种野生鸟类，其中国家重点保护鸟类 121 种，受胁濒危鸟类 23 种。有 4 种鸟为海南特有：海南山鹧鸪、海南孔雀雉、海南柳莺和海南画眉。这些鸟类各有各的魅力，让我们去探访一下它们的身影吧。

海南山鹧鸪

海南山鹧鸪体形比孔雀雉小得多，在山鹧鸪当中算是非常漂亮的种类。它们也喜欢原始雨林环境，通常生活在海拔 700~900 米的山地和丘陵地带。它们既吃植物的叶芽、种子，也吃昆虫和蜗牛等动物性食物。它们是国家一级保护动物。

橙胸绿鸠

橙胸绿鸠是典型的亚洲热带森林物种。它们喜欢吃树上的果实，特别是榕树的果实，一些哺乳动物无法食用的有毒果实它们也能应付自如。清晨和傍晚经常可以听到它们美妙悠扬的口哨声。它们是国家二级保护动物。

海南画眉

海南画眉只分布在中国的海南岛，它是2004年从画眉中独立出来一个新物种。

海南画眉体形较小，羽毛以褐色为主，胸部和腹部较浅，具有一定的画眉特征。雄性和雌性的羽色有所不同，但整体都是以棕褐色为基调。它们主要以种子为食，常常出现在草地、农田、林缘等地。它们是国家二级保护动物。

塔尾树鹊

塔尾树鹊作为鸦科的成员，叫声当然也不会好听到哪里去：有些叫声听上去像汽车喇叭声，还有些就是婉转版的“呱”，不过还有一种颤音会给人一种爱怜的感觉。它们外貌上最典型的特征当然是塔形的尾羽，一层一层锯齿形的尾部边缘在鸟类当中可并不常见。它们通常聚成3~5只的小群，在树枝间寻找昆虫和果实。

“鸟中仙女”仙八色鸫

仙八色鸫是国家二级保护动物，它们因全身羽毛有八种颜色而得名，也常被人们称为“鸟中仙女”。雄鸟前额至枕部呈深栗色，中央冠纹呈黑色，眉纹淡黄，背、肩及内侧飞羽是漂亮的辉绿色，飞羽是带有白翼斑的黑色，颏黑褐，喉白，下体淡黄褐色，腹中及尾下覆羽呈朱红色。雌鸟羽色跟雄鸟相似，但颜色更为浅淡。仙八色鸫是个胆小且敏感的物种，很怕人类，一旦发现栖息地附近有人类出现，很可能会举家搬迁。如果你在野外有幸见到这种漂亮的小鸟，尽量不要打扰它们哦。

垂直攀爬的淡紫鳾

淡紫鳾的英文名字叫 Yellow-billed Nuthatch，所以黄色的嘴也是它们的基本特征。和很多鳾一样，淡紫鳾能够绕树攀爬，不仅可以头朝上爬，也可以头朝下倒挂着爬。这样做是为了找出树干上的虫子。它们会沿着山谷到山顶进行垂直迁移，分布非常局限。

灵动小巧的海南柳莺

海南柳莺是海南特有的鸟类，分布在海南岛的吊罗山、尖峰岭、霸王岭等区域，栖息在海拔 600 米以上的山地次生林中，我们可以在森林的边缘地带找到它们。它们主要以昆虫为食，有时单独觅食，有时集群或者和其他莺类混群，能看到多少就要看我们的运气了。还有一点要提醒大家的是，在海南一共生活着 16 种柳莺，其中不少长相都非常相似，可不要认错了哟。

多样的两栖动物

湿润温暖的热带雨林是两栖动物的天堂，海南热带雨林国家公园的蛙类种类尤其丰富。很多蛙类可以脱离水体的束缚，生活在树上，利用降雨形成的临时水坑和高湿度的环境来保持皮肤湿润。这样一来，它们不但能充分利用雨林的多层结构，有更大的活动空间，有些还可以在树上产卵——这可以防止卵被水中的天敌吃掉。很多树蛙都长出了扩大的吸盘状的脚趾，以利于攀爬。

海南湍蛙

海南湍蛙是海南岛特有的蛙类。其体形中等，背部呈绿色或褐色，具有黑色斑点和纹理。雄蛙有明显的声囊，会在雨季通过鸣叫来吸引雌性。它们生活在低地湿地、田野和树丛中，以昆虫和小型无脊椎动物为食。海南湍蛙的数量受到栖息地破坏和人类活动的威胁，被列为国家二级保护动物。

脆皮大头蛙

脆皮大头蛙是一种热带雨林中的特殊蛙类。其引人注目的特征是头部皮肤薄而透明，可以看到颅骨和内部结构，因此得名。它们背部呈棕色或橙褐色，具有黑色斑点和纹理。白天隐藏在叶子下，夜晚活跃。脆皮大头蛙分布在东南亚地区，以昆虫和小型无脊椎动物为食。它们是国家二级保护动物。

鹦哥岭树蛙

鹦哥岭树蛙是一种迷人的树蛙，是海南特有物种，主要分布在鹦哥岭 1200 米以上的区域。它们拥有鲜艳的绿色或黄绿色体色，有时伴有红色斑点。这些树蛙以其特别的蹬跳飞行能力而闻名，能从树枝上跳跃并展开薄膜状的趾部，实现一小段滑行。它们主要以昆虫为食。

虎纹蛙

虎纹蛙别名“田鸡”，一般栖息在稻田、鱼塘和水坑等处，白天躲藏在水边洞穴中，遇到危险时会立即跳入水中。性情较为凶猛，除捕食大量昆虫外，也会捕食小型蛙类和蝌蚪。曾遭到人类大量捕杀导致数量下降，现为国家二级保护动物。

海南拟髭蟾

海南拟髭蟾是海南岛独有的蟾蜍。它们体形较小，皮肤呈褐色或深灰色，背部有暗色斑纹。它们最大的特征是具有独特的“髭”状突起，位于上唇周围。它们主要栖息于山地的森林和湿地中，夜晚活跃，以昆虫和其他小型无脊椎动物为食。

海南疣螈

海南疣螈是海南岛特有的两栖动物。它们体形较小，通体黑褐色，背部有疣状突起，因此得名。它们生活在山地溪流和湿地等环境中，以昆虫、小型无脊椎动物为食。海南疣螈因栖息地退化和非法捕捞等威胁导致数量急剧下降。

种类丰富的爬行动物

海南热带雨林国家公园面积仅占中国国土面积不到0.046%，却有着中国20.3%的爬行动物——共有爬行动物2目20科101种。

锯缘闭壳龟

闭壳龟的意思就是这种龟长成之后，身体腹面的前半个甲片可以活动，向上闭合，起到保护作用。这种龟主要生活在山区，丛林、灌木及小溪中，主要吃蝗虫、黄粉虫、蚯蚓等小动物。它们是国家二级保护动物。

四眼斑水龟

这种龟的头部后侧有两对前后紧密排列的眼斑，每一眼斑有1~4个黑点。它们喜欢栖息于山区、丘陵地带阴暗处的坑潭、沟渠中，胆子很小。在自然环境中，它们主要以小鱼虾和水生昆虫等为食，食物缺乏时也食用些小型野果。它们是国家二级保护动物。

尖喙蛇

见到这种蛇，你肯定好奇，其吻部突出的小角到底有什么用。可惜，现在科学家对此还没有确切的答案。这种蛇没有毒，多半在树上活动，但有时也会下到地面，捕捉老鼠等小动物。有时，我们也会在河里或林间道路上看到它们。它们是国家二级保护动物。

海南闪鳞蛇

若不是亲眼所见，你不会相信还能有这么绚烂多姿的蛇。它们沿地面爬行时，鳞片上闪闪地发出钢青、鲜绿、血红、紫铜等艳丽的珍珠样反光，所以得了这个名字。这种无毒蛇是中国特有种，目前已经濒危。它们栖息在海拔200~800米的平原、丘陵与低山地区。平时常躲在洞穴或砾石下，晚上追捕鼠类、蛙类、小鸟等为食时，才偶尔来到地面。

圆鼻巨蜥

巨蜥是现存体形最大的蜥蜴。中国仅有两种巨蜥分布，其中之一就是圆鼻巨蜥——其成年个体最长可以长到2米。因为有5个脚趾，它们又被称为“五爪金龙”。这是一种凶猛的动物，入水能捕鱼，上树能吃鸟，在地上还能抓老鼠。它们是国家一级保护动物。

蜡皮蜥

蜡皮蜥通常栖息于开阔沙土地带，在略有坡度的地方挖掘自己的洞穴。白天气温适宜时，出洞觅食昆虫，一旦受惊便立即逃回洞中。在海南岛，它们主要分布于海口、陵水、乐东等地。它们是国家二级保护动物。

霸王岭睑虎

霸王岭睑虎仅分布在海南岛的霸王岭海拔 500 米左右的沙石和溶洞环境中，是海南特有的动物。它们主要以白蚁为食，尾巴断了之后可以再生，只是再生之后的尾巴就没有原来黑白色的环纹了。它们是国家二级保护动物。

海南睑虎

海南睑虎又叫海南守宫、眼皮守宫。这是一个 2019 年才被发现的物种，分布于海南省喀斯特地貌、热带雨林或季雨林的潮湿地面，喜欢阴冷潮湿的环境，夜行，以昆虫为食。它们是国家二级保护动物。

海南脆蛇蜥

海南脆蛇蜥乍看起来像一条蛇，但实际上却是一种蜥蜴。和蛇不同，它们有“眼皮”。这是一种海南特有的动物，也是国家二级保护动物。

海南植物奇境

海南热带雨林国家公园地形复杂多样，垂直落差大，形成了具有明显垂直地带性的植被。这里最常见的植被包括热带雨林、热带亚高山矮林和热带山顶灌丛。

海南热带雨林国家公园内特有植物共有 **846** 种，各类濒危保护植物 **460** 种，其中国家一级保护植物 **7** 种，国家二级保护植物 **142** 种。国家公园在海南岛濒危植物保护中有着巨大的作用。

谁是最高的树

在海南，热带雨林每年都要面对台风的侵袭，所以露生层不够明显。青梅作为望天树的亲戚（它们都是龙脑香科的成员），可以长到30米高。与其高度类似的还有坡垒，也属于巨树行列了。裸子植物当中也有些稳扎稳打的选手，比如海南油杉、陆均松也可以长到30米高。海南最高的树可能是霸王岭的一棵红花天料木，有49米高。

香而不酸的青梅

说到“青梅”，大家可能马上想到的就是一种酸溜溜的零食。我们吃的青梅是用梅树的果实（梅子）做成的，但海南的“青梅”可不一样，这是一种高达20米的树，生于海拔700米以下的丘陵、坡地林中。海南的青梅属于龙脑香家族的一员，具白色芳香树脂。它们是国家二级保护植物。

大个子龙脑香科植物

龙脑香科植物是亚洲热带雨林的标志性物种，它们都是“大高个”，是构成热带雨林结构当中露生层和林冠层的主力。龙脑香科植物的拉丁名 Dipterocarpus 意思是“具有双翅的果实”，这样的果实落下时就像自带降落伞一样，不仅能够保护种子不被砸坏，还能在一定程度上帮助种子扩散。“龙脑香”的中文名字则来源于它们的树脂，龙脑香科植物会产生树脂来抵御细菌和真菌的侵袭。很多种龙脑香科植物的树脂都被人们所利用，如坡垒产生的树脂俗名就叫龙脑香，与沉香、檀香、麝香并称为“四大香中圣品”。

生长缓慢的坡垒

在海南的昌江、乐东、陵水、琼中、保亭等山区的热带低地雨林中，我们常常能看到坡垒的身影。这是一种著名的高强度用材，被称作“海南神木”“木中钢铁”，位居海南珍贵名木之首。但想要使用它们的木材可不容易，这种树生长极其缓慢，需要经历成百上千年才能成材。它们是国家一级保护植物。

热带的针叶树

活化石海南苏铁

海南苏铁分布在海南岛万宁及海口等地，是中国特有濒危植物。它们生长缓慢，通常高度不超过2米，拥有粗壮的树干和羽状的叶片。其叶片常簇生，呈鲜绿色，边缘有锯齿。这种古老的植物群被称为“活化石”，在地球上已存在几百万年。它们是国家一级保护植物。

抗癌植物海南粗榧

海南粗榧分布在海南岛的五指山、尖峰岭、黎母岭等区域，它们的木材坚实，纹理细密，枝、叶、种子可提取多种植物碱，对白血病及淋巴肉瘤等疾病具有一定的疗效。它们是国家二级保护植物。

优雅美观的海南油杉

海南油杉高达 30 米，分布在海南岛霸王岭海拔约 1000 米的山区，为中国特有濒危树种。它们是油杉属分布最南的种类，木材纹理直，结构细，树形优雅美观。它们是国家二级保护植物。

庞然大物陆均松

陆均松是非常高大挺拔的树种，属于罗汉松科，高度可达 30 米，胸径可达 1.5 米。它们主要分布于海南岛五指山、吊罗山、尖峰岭等海拔 500~1600 米区域，是热带山地雨林的优势种和建群种。在当地被人称为“神树”“树王”。陆均松是海南的特有物种，也是濒危树种，其面临的主要威胁是过度采伐。

原始的植物苏铁蕨

苏铁蕨长相神似苏铁，但它们其实是完全不同的物种。苏铁是一种原始的裸子植物，靠种子或分蘖繁殖，而苏铁蕨却是乌毛蕨科的大型蕨类植物，到了繁殖季节，叶片背面会产生孢子囊群，靠孢子来繁殖。它们和苏铁一样具有观赏价值，但它们真正的价值在于，作为一种古生代泥盆纪时代的孑遗植物，它们是蕨类植物向裸子植物过渡的中间类型，对于研究植物的物种演化以及植物区系有着极其重要的意义。

苏铁蕨在中国的分布较为广泛，在海南岛主要分布在东方市和琼中县，生长在海拔450~1700 米的山坡向阳的地方，是国家二级保护植物。

蕨类之王桫椤

桫椤，别名蛇木，有“蕨类植物之王”的赞誉。桫椤是能够长成大树的蕨类植物，茎干高度可以超过6米，所以又被称为“树蕨”。中国所有的桫椤科植物都被列为国家二级保护植物。它们喜欢生长在略有荫凉的环境下，一旦失去周围其他树木的荫蔽，暴露在直射的阳光下，就会逐渐衰弱和死亡。桫椤的树干髓部含有淀粉，可以食用，有时也被用作药材，其干燥的树干碎屑还被用来做兰花的栽培基质。目前它们面临着被人类过度开采利用的威胁。桫椤科植物是孑遗植物，对研究物种的形成和植物地理区系具有重要意义，被称为“活化石”。中国绝大多数的桫椤科植物都被列为国家二级保护植物。

可食可医的海南紫荆木

海南紫荆木是一种中大型常绿乔木，是海南的特有植物，生长在海拔1000米左右的山地常绿林中。它们的叶子呈椭圆形，叶片互生，花朵通常是黄色或白色的。这种植物的果实是椭圆形的，通常是紫褐色的，也可以食用。

海南紫荆木在当地有一些传统用途：果实被当作食物，种子中含有植物油，可以用来榨油或者用于医药。另外，这种植物的木材也有一定的经济价值，可以用来制作家具、作为建筑材料等。它们是国家二级保护植物。

雨林里的花花草草

愚弄胡蜂的华石斛

在海南热带雨林海拔约1000米的山地疏林的树干上，我们能找到一种叫作“华石斛”的海南特有兰花。如果你对“石斛”这个名字觉得有点熟悉，那并不奇怪。石斛在园艺界很出名，而在中国的中医药界，“铁皮石斛”也是十分出名的药材。华石斛也是石斛家族的一员，但其数量稀少，是一种濒危植物，也是国家二级保护植物。

石斛类开花时不产花蜜，很多石斛花都长得和其他有花蜜的花比较相似，以“欺骗”昆虫来为它们传粉。华石斛独辟蹊径，吸引的传粉者是一种肉食性的昆虫——黑盾胡蜂，它们是怎么做到的呢？原来，华石斛在开花的时候会释放出一种气味，这种气味和蜜蜂遇到危险时所释放的警戒气味十分相似，而这种气味会把以蜜蜂为食的胡蜂吸引过来。就在胡蜂试图用尾针去刺杀“蜜蜂”的时候，身上已经不知不觉地沾上了华石斛的花粉，当它下次“攻击”另一朵花的时候，就帮华石斛完成了传粉大计。

Ⓟ

灌丛明星五唇兰

乍一看，五唇兰和蝴蝶兰比较相似。但仔细观察就会发现，蝴蝶兰只有3个唇瓣，没有香气，而五唇兰有5个唇瓣，会散发淡淡的香味。我们养的蝴蝶兰是一种在世界上火出天际的园艺杂交植物，而五唇兰在中国只分布在海南岛南部，仅有6个野生种群。它们生长在密林或灌丛下，数量稀少，可不能随便采摘哦！

Ⓟ

这棵树的枝头上怎么长了好几种不同的树叶？

哈哈，那些长相不同的不是这棵树的叶子，而是在它身上生长的附生植物。丰富的附生植物也是热带雨林的特征之一。你看，在热带雨林里，一些长得比较矮小的植物如果在地面生长，几乎很难晒得到太阳，而如果它们能设法在大树身上安家落户，要获得阳光就容易多了！

怎样才能在大树身上安家落户？

有些植物的种子非常细小，可以随风飘走，落到哪里就能在哪里生根发芽；还有些植物靠鸟类等动物帮忙，它们的种子被鸟吃掉以后不会被消化，反而能从鸟粪当中萌发生机。

但这样它们怎么获得土壤当中的养分和水分呢？

附生植物往往只需要少量的养分和水分就能存活，它们的根往往有很大的表面积，可以快速充分地吸取养分和水分。它们在树上所形成的微空间，也能截获树冠层的落叶、降水等，以满足自己的需要。还有一些附生植物和其他生物（如一些昆虫、蛙类、真菌）形成了共生关系，能够利用它们来获取养分。

人与自然

海南人与自然紧密相连，岛上美丽的自然景观和丰富的生态资源构成了他们生活的重要元素。海南人依赖着海洋和森林，他们主要从事捕捞、养殖、种植等生产活动。他们尊重自然，保护环境，传承着丰富的农耕、渔猎和草药经验。随着现代化发展，海南人也面临着平衡经济发展与生态保护的挑战，他们努力寻找可持续的发展模式，以维系与自然的和谐关系。

尖峰岭——中国最大的原始热带雨林

位于海南省西南部乐东黎族自治县和东方市交界的尖峰岭，素有“热带北缘物种基因库”“生物物种银行”之称，被誉为中国热带雨林的“掌上明珠”。这里有着中国最大的原始热带雨林，曾被评为“中国最美的十大森林”之一。

通过总长100多千米的土路小径，我们可以徒步探索这里类型多样的动植物。这里的动物种类占到了整个海南省动物种类的83%，很多人选择来这里观鸟，而到了8月更是欣赏山间各类蝴蝶的好时光，也可以早起欣赏尖峰岭天池壮观的日出景象。

霸王岭——海南长臂猿及其栖息地

民间流传有“霸王归来不看树”的说法，足可见霸王岭植被之丰富。霸王岭早年曾是林场，1980年建成保护区。这里是海南热带雨林的主要分布区，也是海南三大热带季节雨林分布地区之一，从山麓到山顶，依次分布着热带低地雨林、热带沟谷雨林、热带山地雨林、热带常绿季雨林和高山云雾林。我们能在这里找到木棉、桫椤、油楠、桄榔、陆均松等植物群落，还能看到海南油杉、坡垒、南亚松、野荔枝等罕见的古树名木。2017年，中国林学会评选出85棵“中国最美古树”，其中海南入选的两棵都在霸王岭，包括一棵约1600岁的陆均松和一棵1130岁的红花天料木。它们都是超过30米高的参天巨木，树围当然也很惊人，大家可以去试试看，需要多少个人合抱才能把这两棵大树抱住？

这里的特有动物包括霸王岭睑虎、海南孔雀雉等，最重要的是，这里是海南长臂猿最重要的栖息地，肩负着海南长臂猿保护的重要任务。

“中国第一黎乡”“黎族最后的部落”也位于霸王岭中，如果你对少数民族文化感兴趣的话，也可以去探访一番。

五指山——海南第一高山

在《西游记》中，孙悟空曾经被压在“五指山”下，那座五指山是如来的手掌变的。而在海南岛，也有一座山峰形似五指的“五指山”，传说其每一个“手指”都代表了黎族的一位神祇。这座山是海南岛的象征，其中最高的“食指”海拔1867米，是整个海南热带雨林国家公园的最高点，也是海南岛第一高峰，被称为“海南屋脊”。

在五指山我们能观察到比较明显的垂直地带性差异：海拔800米以下为热带季雨林和雨林砖红壤性土带，800~1600米为热带常绿季雨林或热带山地雨林黄壤带，1600米以上为高山云雾林草甸土带。这里旅游景点开发比较成熟，较低海拔处有栈道供游客行进，每年雨季还会开放漂流活动，很多人来海南都会选择到此一游。

黎母山——石臼公园

北宋诗人苏轼曾以“奇峰望黎母，何异嵩与邙”来称赞黎母山之美。黎母山自古以来被誉为黎族的圣地，相传黎族的始祖“黎母”就是在这里诞生的。相比五指山脉，黎母山脉和缓绵长，密布着大量溪沟山涧和瀑布，是一个欣赏瀑布的好地方。黎母山最高峰 1411 米，有“海岛之心”的美誉。这里已经查明的动植物种类超过 4300 种。

在黎母山的石臼公园，我们能看到位于万泉河上游的和平石臼群：长期的流水磨蚀，造就了大大小小 176 个石坑，也就是我们说的“石臼”。它们形态各异，深浅不同，有的长十多米，形成河床上的一道道小水沟；有的呈圆形，大的就像个浴桶，可以容人在里面泡澡；小的则只能伸进手指或拳头。仔细观察一下，有些里面还住着小鱼小虾呢。

热带雨林中的居民

黎族是中国的少数民族之一，主要分布在海南岛及附近地区。黎族人口相对较少，以农耕和捕鱼为主要生活方式。他们保留了丰富的传统文化，如独特的民俗、语言、服饰和音乐等。黎族社会注重家族关系和社区合作，传统价值观深受尊重。近年来，随着现代化的影响，黎族文化面临保护和传承的挑战，但仍然是中国多元文化的重要组成部分。

黎族的传统服饰

黎族以农业为主，也有手工业、饲养业和商业。黎族地区沿海渔业、盐业资源丰富，也是中国重要橡胶生产基地之一。黎族传统住房有船形屋和金字形屋两种。船形屋是竹木结构建筑，外形像船篷，用竹木架构；金字形屋以树干做支架，竹片编墙。

黎族人性格豪爽，能歌善舞，黎族的歌舞有其独特的魅力——“竹竿舞”已成为海南最富有特色的舞蹈。

黎族的传统房屋

黎族人的食物

黎族习惯一日三餐主食大米，有时也吃一些杂粮。做米饭的方法一是用陶锅或铁锅煮，与汉族焖饭的方法大体相同。另一种是颇有特色的野炊方法，即取下一节竹筒，装进适量的米和水，放在火堆里烤熟，用餐时剖开竹筒取出饭——这便是有名的“竹筒饭”。若把猎获的野味、瘦肉混以香糯米和少量盐，放进竹筒烧成香糯饭，更是异香扑鼻，是招待宾客的珍美食品。香糯米是黎族地区的特产，用香糯米焖饭有“一家香饭熟，百家闻香”的赞誉。

“雷公根”是一种黎族同胞经常食用的野菜，与河里的小鱼虾或肉骨同煮，是极为可口的佳肴。“雷公根”也可药用，能消炎解毒。

黎族同胞大多嗜酒，所饮之酒大多是家酿的低度米酒、番薯酒和木薯酒等。用山兰米酿造的酒是远近闻名的佳酿，常作为贵重的礼品。

黎族人的节日

黎族大多数节日与汉族相同，传统节日有春节和“三月三”等。

黎族人过春节与汉族过春节的情形基本一致。过春节前，家家吃年饭，酿年酒，舂“灯叶”（即一种年糕）。初一都要闭门守在家中，初二才出门访亲探友，或上山打猎，或下河摸虾，并举行各种具有民族特色的喜庆活动，直至正月十五才告结束。

“三月三”是黎族特有节日。每年的三月三这一天，具有敬老美德的黎族人带上自家腌制的山菜、酿好的米酒、做好的糕点去看望寨内有威望的老人。夜幕降临，小伙子们跳起了传统的黎族舞蹈，男女青年对唱山歌，互诉衷情。

黎族原住民编织草筐

黎族的纺织工艺

国家公园的守护者

大家好，我是鹦哥岭的护林员王永另。我在海南热带雨林国家公园的鹦哥岭已经工作17年啦，我热爱这片土地，在2009年还被评为全国优秀护林员。跟我来，带你们看一看护林员的工作是怎么样的。

艰难的启程

2007年，鹦哥岭省级自然保护区管理站建成。刚开始，工作和生活条件异常艰苦：保护区没有办公室和宿舍，工作人员住在租来的低矮平房里，睡在凹凸不平的乒乓桌拼成的床上，吃着各种简便快餐，用着27个人公用的每每要排队一个多小时的唯一洗澡房，在恶劣的通风与采光条件中坚持工作。

守护者的职责

护林员要做的工作很多，每月巡护不少于22天，每月带领小组护林员集体上山巡护过夜5次以上；及时制止发生在保护区内的违法行为，全力以赴保护森林资源。除此之外，我们还要进行宣传普法工作，经常带领护林员到辖区与村干部、村民沟通交流，宣讲政策法规。当有科考人员来鹦哥岭进行科学考察时，我们也会协助他们的工作，进行一些基础调查。

难忘的经历

在山里工作，不仅时常被蚊叮虫咬，有时甚至面临毒蛇或猛兽侵袭。一次，我们的一个队员独自进山做昆虫分类调查，突然，树梢上伸出一个三角形的蛇头，长长的蛇信子嘶嘶作响。专业出身又久在山间行走的他知道，蛇类听觉迟钝，但嗅觉灵敏，稍有不慎就会被毒蛇袭击。他立刻停住脚步，一动不动地与毒蛇面对面僵持了足有数分钟。直到蛇头终于缩回去后，他回过神来才发觉，两腿疼痛难忍。原来，两只裤腿上布满了乘虚而入的山蚂蟥，此起彼伏地在他腿上大快朵颐。他心中忌惮着刚退走不远的毒蛇，一边顺手抄起一根树枝使劲地驱赶蚂蟥，一边迈开双腿拼命奔跑……

和鹦哥岭一起成长

我在鹦哥岭工作了十几年，村民对我们的工作越来越认可，他们的生态环保意识也在不断地提高。鹦哥岭现在已建立分站、护林点，巡护设备、监测设备也很齐全，工作管理也更规范，更智能，比如奥维系统的使用、视频监控的运用等。

我个人也成长很多，对鹦哥岭动植物的了解和学习，让自己朝着“土专家”方向努力。我们还有同事去其他地方学习，也参与了中国科学院生态环境研究中心城市与区域生态国家重点实验室的海南热带生态系统野外监测站项目。

附录

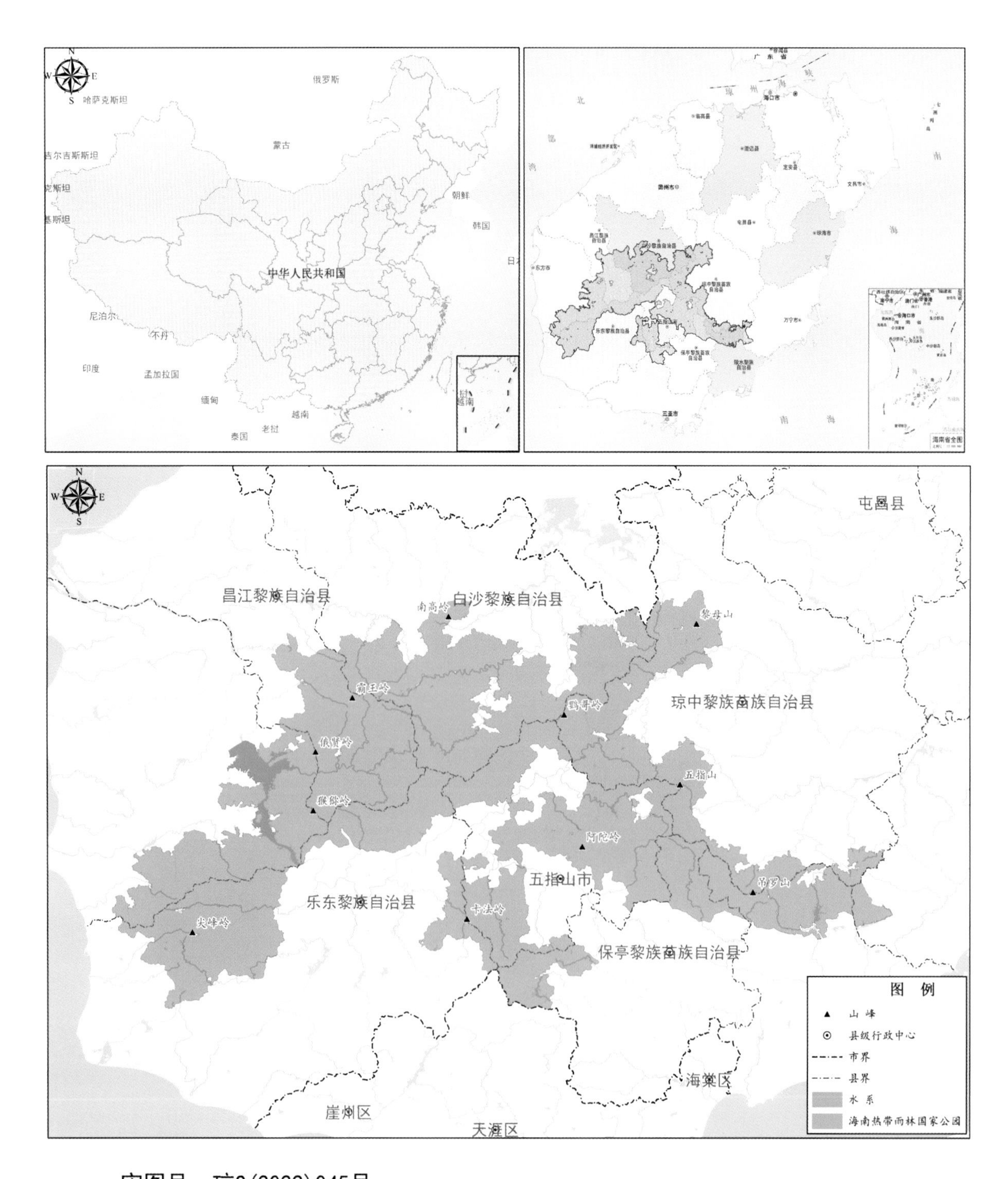

审图号：琼S(2022)045号

海南热带雨林国家公园地理位置示意图

图书在版编目（CIP）数据

中国国家公园. 海南热带雨林国家公园 / 欧阳志云主编；臧振华, 徐卫华, 沈梅华著. —上海: 少年儿童出版社, 2024.4

ISBN 978-7-5589-1836-0

Ⅰ. ①中… Ⅱ. ①欧… ②臧… ③徐… ④沈… Ⅲ. ①热带雨林—国家公园—海南 Ⅳ. ① S759.992.66 ② S718.54

中国国家版本馆 CIP 数据核字（2024）第 010570 号

中国国家公园 · 海南热带雨林国家公园

欧阳志云 主编

臧振华 徐卫华 沈梅华 著

萌伢图文设计工作室 装帧

策划编辑 陈 珏

责任编辑 刘 伟 美术编辑 陈艳萍

责任校对 黄 岚 技术编辑 谢立凡

出版发行 上海少年儿童出版社有限公司

地址 上海市闵行区号景路 159 弄 B 座 5-6 层 邮编 201101

印刷 上海丽佳制版印刷有限公司

开本 889 × 1194 1/16 印张 4.25

2024 年 4 月第 1 版 2024 年 4 月第 1 次印刷

ISBN 978-7-5589-1836-0 / G · 3781

定价 38.00 元